《色达县野生植物图集》编委会

编 印 统 筹：甘孜州色达生态环境局　四川大学生命科学学院

编委会主任：罗　林

副　主　任：易西泽仁

主　　　编：王东磊

副　主　编：王　磊　窦　亮

编　　　委：(按姓氏拼音为序)

苟民钟　何晓兰　李　斌　李世美　洛绒次称

鲁　程　桑巴绒波顿珠　帅　军　陶　敏

王明祥　杨创明　付志玺

色达县野生植物图集

甘孜州色达生态环境局
四川大学生命科学学院 组织编写

王东磊 主编

四川大学出版社
SICHUAN UNIVERSITY PRESS

CONTENTS

第一部分 国家重点保护野生植物

第二部分 其他野生植物

芍药科

小檗科

十字花科

景天科

石竹科

苋科

牻牛儿苗科

凤仙花科

瑞香科

柽柳科

茶藨子科

绣球花科

蔷薇科

杨柳科

夹竹桃科

忍冬科

菊科

龙胆科

桔梗科

第一部分

国家重点保护野生植物

大花红景天 *Rhodiola crenulata* 国家二级保护野生植物

四裂红景天 *Rhodiola quadrifida* 国家二级保护野生植物

红花绿绒蒿 *Meconopsis punicea* 国家二级保护野生植物

匙叶甘松 *Nardostachys jatamansi* 国家二级保护野生植物

水母雪兔子 *Saussurea medusa*　国家二级保护野生植物

第二部分

其他野生植物

川西云杉 *Picea likiangensis* var. *rubescens*

鳞皮冷杉 *Abies squamata*

云杉 *Picea asperata*

大果红杉 *Larix potaninii* var. *australis*

紫果冷杉 *Abies recurvata*

松科

落叶松 *Larix gmelinii*

冷杉 *Abies fabri*

青海云杉 *Picea crassifolia*

紫果云杉 *Picea purpurea*

大果圆柏 *Juniperus tibetica*

密枝圆柏 *Juniperus convallium*

高山柏 *Juniperus squamata*

柏科

香柏 *Juniperus pingii* var. *wilsonii*

方枝柏 *Juniperus saltuaria*

塔枝圆柏 *Juniperus komarovii*

祁连圆柏 *Juniperus przewalskii*

藏麻黄 *Ephedra saxatilis*

长花铁线莲 *Clematis rehderiana*

甘川铁线莲 *Clematis akebioides*

毛萼甘青铁线莲 *Clematis tangutica* var. *pubescens*

薄叶铁线莲 *Clematis gracilifolia*

甘青铁线莲 *Clematis tangutica*

狭裂薄叶铁线莲 *Clematis gracilifolia* var. *dissectifolia*

西南铁线莲 *Clematis pseudopogonandra*

牡丹 *Paeonia×suffruticosa*

拉萨小檗 *Berberis hemsleyana*

刺红珠 *Berberis dictyophylla*

金花小檗 *Berberis wilsoniae*

近似小檗 *Berberis approximata*

炉霍小檗 *Berberis luhuoensis*

黄芦木 *Berberis amurensis*

小花小檗 *Berberis minutiflora*

松潘小檗 *Berberis dictyoneura*

川鄂小檗 *Berberis henryana*

川西小檗 *Berberis tischleri*

道孚小檗 *Berberis dawoensis*

四川小檗 *Berberis sichuanica*

察瓦龙小檗 *Berberis tsarongensis*

鲜黄小檗 *Berberis diaphana*

蚓果芥 *Braya humilis*

播娘蒿 *Descurainia sophia*

垂果南芥 *Catolobus pendulus*

锥果葶苈 *Draba lanceolata*

高蔊菜 *Rorippa elata*

四川糖芥 *Erysimum benthamii*

头花独行菜 *Lepidium capitatum*

菥蓂 *Thlaspi arvense*

荠 *Capsella bursa-pastoris*

狭叶红景天 *Rhodiola kirilowii*

单花景天 *Sedum correptum*

高山瞿麦 *Dianthus superbus*

细蝇子草 *Silene gracilicaulis*

石竹科

变黑蝇子草 *Silene nigrescens*

喜马拉雅蝇子草 *Silene himalayensis*

石竹科

箐姑草 *Stellaria vestita*

千针万线草 *Stellaria yunnanensis*

大花福禄草 *Arenaria smithiana*

菊叶香藜 *Dysphania schraderiana*

草地老鹳草 *Geranium pratense*

甘青老鹳草 *Geranium pylzowianum*

牻牛儿苗科

反瓣老鹳草 *Geranium refractum*

川西凤仙花 *Impatiens apsotis*

唐古特瑞香 *Daphne tangutica*

具鳞水柏枝 *Myricaria squamosa*

青海茶藨子 *Ribes pseudofasciculatum*

糖茶藨子 *Ribes himalense*

长刺茶藨子 *Ribes alpestre*

大刺茶藨子 *Ribes alpestre* var. *giganteum*

深裂茶藨子 *Ribes tenue* var. *incisum*

冰川茶藨子 *Ribes glaciale*

细枝茶藨子 *Ribes tenue*

瘤糖茶藨子 *Ribes himalense* var. *verruculosum*

茶藨子科

毛柱山梅花 *Philadelphus subcanus*

金露梅 *Dasiphora fruticosa*

高山绣线菊 *Spiraea alpina*

蔷薇科

小叶金露梅 *Dasiphora parvifolia*

细枝绣线菊 *Spiraea myrtilloides*

银露梅 *Dasiphora glabra*

匍匐栒子 *Cotoneaster adpressus*

微毛樱桃 *Prunus clarofolia*

毛果悬钩子 *Rubus ptilocarpus*

伏毛银露梅 *Potentilla glabra* var. *veitchii*

扁刺峨眉蔷薇 *Rosa omeiensis* f. *pteracantha*

尖叶栒子 *Cotoneaster acuminatus*

细梗蔷薇 *Rosa graciliflora*

蔷薇科

西南花楸 *Sorbus rehderiana*

麻核栒子 *Cotoneaster foveolatus*

蔷薇科

峨眉蔷薇 *Rosa omeiensis*

毛叶水栒子 *Cotoneaster submultiflorus*

水栒子 *Cotoneaster multiflorus*

变叶海棠 *Malus bhutanica*

伏毛金露梅 *Dasiphora arbuscula*

陕甘花楸 *Sorbus koehneana*

细齿樱桃 *Prunus serrula*

黑腺美饰悬钩子 *Rubus subornatus* var. *melanadenus*

细枝栒子 *Cotoneaster tenuipes*

西康花楸 *Sorbus prattii*

木帚栒子 *Cotoneaster dielsianus*

川滇蔷薇 *Rosa soulieana*

毛叶绣线菊 *Spiraea mollifolia*

白毛银露梅 *Dasiphora mandshurica*

毛樱桃 *Prunus tomentosa*

蔷薇科

白毛金露梅 *Potentilla albicans*

蔷薇科

重瓣榆叶梅 *Prunus triloba 'Multiplex'*

山杏 *Prunus sibirica*

蔷薇科

珍珠梅 *Sorbaria sorbifolia*

梅 *Prunus mume*

白叶莓 *Rubus innominatus*

小叶栒子 *Cotoneaster microphyllus*

山生柳 *Salix oritrepha*

汶川柳 *Salix oritrepha*

白背柳 *Salix balfouriana*

密齿柳 *Salix characta*

乌柳 *Salix cheilophila*

迟花柳 *Salix opsimantha*

杨柳科

齿叶柳 *Salix denticulata*

杯腺柳 *Salix cupularis*

北京杨 *Populus × beijingensis*

匙叶柳 *Salix spathulifolia*

杨柳科

硬叶柳 *Salix sclerophylla*

杨柳科

长花柳 *Salix longiflora*

杨柳科

康定杨 *Populus kangdingensis*

新山生柳 *Salix neoamnematchinensis*

丝毛柳 *Salix luctuosa*

腺柳 *Salix chaenomeloides*

银背柳 *Salix ernestii*

白柳 *Salix alba*

川鄂柳 *Salix fargesii*

山杨 *Populus davidiana*

银白杨 *Populus alba*

杨柳科

白桦 *Betula platyphylla*

红桦 *Betula albosinensis*

川滇高山栎 *Quercus aquifolioides*

小卫矛 *Euonymus nanoides*

甘青鼠李 *Rhamnus tangutica*

云南勾儿茶 *Berchemia yunnanensis*

淡黄鼠李 *Rhamnus flavescens*

中国沙棘 *Hippophae rhamnoides* subsp. *sinensis*

西藏沙棘 *Hippophae tibetana*

沙枣 *Elaeagnus angustifolia*

微柔毛花椒 *Zanthoxylum pilosulum*

红花槭 *Acer rubrum*

无患子科

鸡爪槭 *Acer palmatum*

狭叶五加 *Eleutherococcus wilsonii*

峨参 *Anthriscus sylvestris*

葛缕子 *Carum carvi*

短毛独活 *Heracleum moellendorffii*

粗糙西风芹 *Seseli squarrulosum*

长茎藁本 *Ligusticum thomsonii*

毛蕊杜鹃 *Rhododendron websterianum*

粉白杜鹃 *Rhododendron hypoglaucum*

四川丁香 *Syringa sweginzowii*

连翘 *Forsythia suspensa*

暴马丁香 *Syringa reticulata* subsp. *amurensis*

紫丁香 *Syringa oblata*

小叶巧玲花 *Syringa pubescens* subsp. *microphylla*

云南丁香 *Syringa yunnanensis*

川西锦鸡儿 *Caragana erinacea*

鬼箭锦鸡儿 *Caragana jubata*

豆科

青海锦鸡儿 *Caragana chinghaiensis*

豆科

青甘锦鸡儿 *Caragana tangutica*

变色锦鸡儿 *Caragana versicolor*

二色锦鸡儿 *Caragana bicolor*

地八角 *Astragalus bhotanensis*

唐古特岩黄芪 *Hedysarum tanguticum*

多花黄芪 *Astragalus floridulus*

大理白前 *Vincetoxicum forrestii*

岩生忍冬 *Lonicera rupicola*

刚毛忍冬 *Lonicera hispida*

毛花忍冬 *Lonicera trichosantha*

红花岩生忍冬 *Lonicera rupicola* var. *syringantha*

华西忍冬 *Lonicera webbiana*

唐古特忍冬 *Lonicera tangutica*

管花忍冬 *Lonicera tubuliflora*

蓝果忍冬 *Lonicera caerulea*

大头续断 *Dipsacus chinensis*

红脉忍冬 *Lonicera nervosa*

小叶忍冬 *Lonicera microphylla*

白花刺续断 *Acanthocalyx alba*

圆萼刺参 *Morina chinensis*

匙叶翼首花 *Bassecoia hookeri*

柳叶小舌紫菀 *Aster albescens* var. *salignus*

细裂亚菊 *Ajania przewalskii*

柳叶亚菊 *Ajania salicifolia*

淡黄香青 *Anaphalis flavescens*

沙蒿 *Artemisia desertorum*

臭蒿 *Artemisia hedinii*

高原天名精 *Carpesium lipskyi*

菊科

川西腺毛蒿 *Artemisia occidentalisichuanensis*

葵花大蓟 *Cirsium souliei*

矮垂头菊 *Cremanthodium humile*

菊科

褐毛垂头菊 *Cremanthodium brunneopilosum*

条叶垂头菊 *Cremanthodium lineare*

西藏多榔菊 *Doronicum calotum*

菊科

飞蓬 *Erigeron acris*

戟叶火绒草 *Erigeron acris*

浅齿橐吾 *Ligularia potaninii*

黄帚橐吾 *Ligularia virgaurea*

菊科

禾叶风毛菊 *Saussurea graminea*

小花风毛菊 *Saussurea parviflora*

膜鞘雪莲 *Saussurea pilinophylla*

星状雪兔子 *Saussurea stella*

菊科

打箭风毛菊 *Saussurea tatsienensis*

皱叶绢毛苣 *Soroseris hookeriana*

川西小黄菊 *Tanacetum tatsienense*

川甘蒲公英 *Taraxacum lugubre*

白花蒲公英 *Taraxacum albiflos*

黄缨菊 *Xanthopappus subacaulis*

红角蒲公英 *Taraxacum luridum*

菊科

川西黄鹌菜 *Youngia prattii*

菊科

二色香青 *Anaphalis bicolor*

银叶火绒草 *Leontopodium souliei*

褐花雪莲 *Saussurea phaeantha*

川滇风毛菊 *Saussurea wardii*

菊科

风毛菊状千里光 *Senecio saussureoides*

镰萼喉毛花 *Comastoma falcatum*

刺芒龙胆 *Gentiana aristata*

粗茎秦艽 *Gentiana crassicaulis*

钟花龙胆 *Gentiana nanobella*

大萼蓝钟花 *Cyananthus macrocalyx*

微孔草 *Microula sikkimensis*

刺齿马先蒿 *Pedicularis armata*

二齿马先蒿 *Pedicularis bidentata*

巴塘马先蒿 *Pedicularis batangensis*

四川波罗花 *Incarvillea beresovskii*

鸡骨柴 *Elsholtzia fruticosa*

小叶香茶菜 *Isodon parvifolius*

川藏香茶菜 *Isodon pharicus*

光叶鸡骨柴 *Elsholtzia fruticosa* var. *glabrifolia*

白苞筋骨草 *Ajuga lupulina*

白花枝子花 *Dracocephalum heterophyllum*

唇形科

密花香薷 *Elsholtzia densa*

道孚香茶菜 *Isodon dawoensis*

鼬瓣花 *Galeopsis bifida*

湖北黄精 *Polygonatum zanlanscianense*

康定玉竹 *Polygonatum prattii*

鞘柄菝葜 *Smilax stans*

华扁穗草 *Blysmus sinocompressus*

木里薹草 *Carex muliensis*

云雾薹草 *Carex nubigena*

小薹草 *Carex parva*

附录

在本次色达县生物多样性调查工作中，团队还采集到部分大型真菌样本，在此一并展示在本书中，以便读者更加全面地了解色达县独特的生态环境和生物多样性。

Cudonia sp.

黄地勺菌 *Spathularia flavida*

假反卷马鞍菌 *Helvella pseudoreflexa* 毒菌

优雅侧盘菌 *Otidea concinna*

小杯伞 *Clitocybula lacerata*

椭孢漏斗伞近似种 *Infundibulicybe* aff. *ellipsospora*

深凹漏斗伞 *Infundibulicybe gibba* 食用菌、毒菌

紫丁香蘑 *Lepista nuda* 食药用菌

白柄铦囊蘑近似种 *Melanoleuca* aff. *leucopoda*

萎垂白近香蘑 *Paralepista flaccida* 食用菌

粉褶假斜盖伞 *Pseudoclitopilus rhodoleucus*

Pseudoomphalina sp.

Agaricus andrewii

长柄蘑菇 *Agaricus dolichocaulis*

Agaricus hupohanae

锐鳞环柄菇 *Echinoderma asperum* 毒菌

冠状环柄菇 *Lepiota cristata* 毒菌

Amanita arctica

褐烟色鹅膏菌 *Amanita brunneofuliginea*

灰豹斑鹅膏 *Amanita griseopantherina* 毒菌

污白疣盖鹅膏菌 *Amanita pallidoverruca*

褐黄鹅膏菌 *Amanita umbrinolutea*

壮丽松苞菇 *Catathelasma imperiale* 食用菌

韦伯杯伞近缘种 *Clitocybe* cf. *vibecina*

香杯伞 *Clitocybe odora* 食药用菌

落叶杯伞 *Clitocybe phyllophila* 毒菌

紫褐托柄丝膜菌 *Calonarius calojanthinus*

小粘柄丝膜菌近似种 *Cortinarius* aff. *delibutus*

Cortinarius aff. *murinascens*

宽盖丝膜菌 *Cortinarius badiolatus*

蓝丝膜菌 *Cortinarius caerulescens*

犬状丝膜菌 *Cortinarius caninus*

黄棕丝膜菌 *Cortinarius cinnamomeus* 食药用菌、毒菌

Cortinarius dolabratus

紫红丝膜菌 *Cortinarius rufoolivaceus*

Cortinarius subfuscoperonatus

Cortinarius subrubrovelatus

常见丝膜菌 *Cortinarius trivialis* 食用菌、毒菌

黄褶丝膜菌 *Cortinarius xantholamellatus*

梭孢斜盖伞 *Clitopilus fusiformis*

Entoloma alvarense

Entoloma catalaunicum

库氏粉褶菌 *Entoloma cocles*

Entoloma griseorugulosum

半卵形斑褶菇 *Panaeolus semiovatus* 毒菌

绯红湿伞 *Hygrocybe coccinea* 食用菌

变黑湿伞 *Hygrocybe conica* 药用菌、毒菌

环柄蜡伞 *Hygrophorus annulatus* 食用菌

褐盖蜡伞 *Hygrophorus brunneiceps*

变红蜡伞 *Hygrophorus erubescens* 食用菌

乳白蜡伞 *Hygrophorus hedrychii*

皱灰盖杯伞 *Spodocybe rugosiceps*

纹缘盔孢伞 *Galerina marginata* 毒菌

橘黄裸伞 *Gymnopilus junonius*

安氏粘滑菇 *Hebeloma aanenii*

Hebeloma laterinum 药用菌

粗鳞丝盖伞 *Inocybe calamistrata* 毒菌

土味丝盖伞 *Inocybe geophylla* 毒菌

Inosperma aff. *lanatodiscum*

地生茸盖丝盖伞 *Mallocybe terrigena*

网纹马勃 *Lycoperdon perlatum* 食药用菌

龟裂马勃 *Lycoperdon utriforme* 食药用菌

白褐丽蘑 *Calocybe gangraenosa* 食用菌

Clitolyophyllum sp.

荷叶离褶伞 *Lyophyllum decastes* 食药用菌

烟熏离褶伞 *Lyophyllum infumatum*

白褐离褶伞 *Lyophyllum leucophaeatum*

Tephrocybe ozes

红顶小菇 *Mycena acicula*

沟纹小菇 *Mycena filopes*

洁小菇 *Mycena pura* 药用菌、毒菌

群生拟金钱菌 *Collybiopsis confluens* 食药用菌

群生裸脚菇 *Gymnopus confluens* 食药用菌

逆型裸脚菇 *Gymnopus contrarius*

密褶裸脚菇 *Gymnopus densilamellatus*

栎裸脚菇 *Gymnopus dryophilus* 食用菌、毒菌

Gymnopus sp.

斑盖红金钱菌 *Rhodocollybia maculata* 食用菌

高卢蜜环菌 *Armillaria gallica* 食药用菌

淡色冬菇 *Flammulina rossica* 食药用菌

花瓣状亚侧耳 *Hohenbuehelia petaloides* 食药用菌

黄白脆柄菇 *Candolleomyces candolleanus* 药用菌、毒菌

辐毛小鬼伞 *Coprinellus radians* 药用菌

墨汁拟鬼伞 *Coprinopsis atramentaria* 食药用菌、毒菌

疣盖囊皮伞 *Cystoderma granulosum*

白黄卷毛菇 *Floccularia albolanaripes* 食用菌

亚砖红垂幕菇 *Hypholoma sublateritium* 药用菌

泡状鳞伞 *Pholiota spumosa* 食药用菌

Stropharia sp.

大白桩菇 *Leucopaxillus giganteus* 食药用菌、毒菌

Tricholoma boudieri　药用菌、毒菌

中华灰褐纹口蘑 *Tricholoma sinoportentosum*　食用菌

红鳞口蘑 *Tricholoma vaccinum* 食药用菌

凸顶口蘑 *Tricholoma virgatum* 食药用菌

焰耳 *Guepinia helvelloides* 食用菌

西藏木耳 *Auricularia tibetica* 食用菌

网盖牛肝菌 *Boletus reticuloceps* 食用菌

辣红孔牛肝菌 *Chalciporus piperat*

褐疣柄牛肝菌 *Leccinum scabrum* 食用菌、毒菌

红孔新牛肝菌 *Neoboletus rubriporus* 食用菌

红牛肝菌 *Porphyrellus porphyrosporus* 食用菌

锈色绒盖牛肝菌 *Xerocomus ferrugineus*

Xerocomus sp.

橙黄拟蜡伞 *Hygrophoropsis aurantiaca* 食药用菌、毒菌

灰乳牛肝菌 *Suillus viscidus* 食药用菌

皱锁瑚菌 *Clavulina rugosa* 食用菌

平截棒瑚菌 *Clavariadelphus truncatus* 食药用菌

东方钉菇 *Gomphus orientalis* 食用菌、毒菌

冷杉暗锁瑚菌 *Phaeoclavulina abietina* 食用菌

离生枝瑚菌 *Ramaria distinctissima* 食用菌

淡紫枝瑚菌 *Ramaria pallidolilacina* 食用菌

喜马拉雅松孔迷孔菌 *Porodaedalea himalayensis* 药用菌

桦剥拟层孔菌 *Fomitopsis betulina* 药用菌

粗糙拟迷孔菌 *Daedaleopsis confragosa*

栎线齿菌 *Grammothele quercina*

黄褐黑斑根孔菌 *Picipes badius*

东方栓菌 *Trametes orientalis* 药用菌

毛栓菌 *Trametes trogii* 药用菌

光小密孔菌 *Pycnoporellus fulgens* 药用菌

西藏地花菌 *Albatrellus tibetanus* 食用菌

白灰乳菇 *Lactarius albidocinereus*

高山毛脚乳菇 *Lactarius alpinihirtipes*

棕红乳菇 *Lactarius badiosanguineus*

云杉乳菇 *Lactarius deterrimus* 食药用菌

橄榄褐乳菇 *Lactarius olivaceoumbrinus* 食用菌、毒菌

橄榄色乳菇 *Lactarius olivinus*

假红汁乳菇 *Lactarius pseudohatsudake* 食用菌

毛头乳菇 *Lactarius torminosus* 毒菌

烟色红菇 *Russula adusta* 食药用菌

暗绿红菇 *Russula atroaeruginea* 食用菌

亚臭红菇近缘种 *Russula* cf. *subfoetens*

蓝黄红菇 *Russula cyanoxantha* 食药用菌

美味红菇 *Russula delica* 食药用菌

近喜马拉雅山红菇 *Russula indohimalayana*

四川红菇 *Russula sichuanensis*

辛迪红菇 *Russula thindii*

匙状拟韧革菌 *Stereopsis humphreyi*

蓝柄亚齿菌 *Hydnellum suaveolens*

翘鳞肉齿菌 *Sarcodon imbricatus* 食药用菌

角质胶角耳 *Calocera cornea*

金耳 *Naematelia aurantialba* 食药用菌

Albatrellus sp. 待发表新种

Floccularia sp.　待发表新种

Entoloma sp.　待发表新种

索引

T

W

X

Y

Z

图书在版编目（CIP）数据

色达县野生植物图集 / 王东磊主编. -- 成都 : 四川大学出版社, 2024. 12. --（生物多样性研究丛书）.
ISBN 978-7-5690-7438-3

Ⅰ. Q948.527.14-64

中国国家版本馆 CIP 数据核字第 2025G9R322 号

书　　名：色达县野生植物图集
Seda Xian Yesheng Zhiwu Tuji
主　　编：王东磊
丛 书 名：生物多样性研究丛书

丛书策划：蒋　玙
选题策划：蒋　玙
责任编辑：蒋　玙
责任校对：胡晓燕
装帧设计：墨创文化
责任印制：李金兰

出版发行：四川大学出版社有限责任公司
地址：成都市一环路南一段 24 号（610065）
电话：（028）85408311（发行部）、85400276（总编室）
电子邮箱：scupress@vip.163.com
网址：https://press.scu.edu.cn
印前制作：成都墨之创文化传播有限公司
印刷装订：成都金阳印务有限责任公司

成品尺寸：180mm×220mm
印　　张：15
字　　数：149 千字

版　　次：2025 年 1 月 第 1 版
印　　次：2025 年 1 月 第 1 次印刷
定　　价：96.00 元

本社图书如有印装质量问题，请联系发行部调换

扫码获取数字资源

四川大学出版社
微信公众号